奇幻大自然探索图鉴

世界的珍禽异兽

（日）今泉忠明　监修、著

李未然　译

辽宁科学技术出版社

·沈阳·

树

维氏冕狐猴 >>> p.33

　　马达加斯加岛上栖息的猿猴的同类。维氏冕狐猴在地上横跳，看似悠闲自在地跑，但是在树上的姿势是图中这样的，它们能在丛林中迅速地移动，真是不可思议！

跃！

南非穿山甲 » p.79

　　南非穿山甲同我们人类一样都是哺乳动物。它全身覆盖着坚硬的鳞片，受到威胁的时候会蜷缩成球，用鳞片来保护自己的身体，就连狮子也"无处下口"。

狮 子 的 牙 又

坚硬的鳞片可不是
谁都能咬得动的！

目录

目录

这本书怎么看

在"假如"部分，会用现实中不能发生的假设场景来进一步展示珍稀动物的特长。

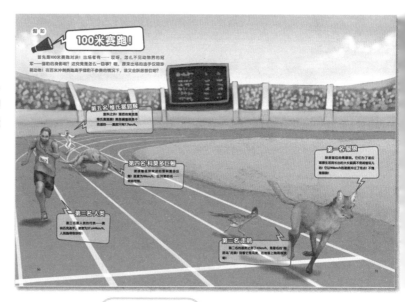

在讲解部分，会对在"假如"部分登场的珍稀动物的生活状态与体型大小等进行详细介绍。

动物的生活状态

动物名称

分 类

大 小

体 重

食 物

栖息地

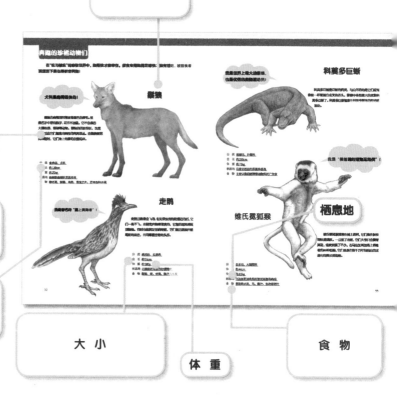

动物大小的表示方法

不同品种动物大小的表示方法不一样，而且每种动物的大小在每个个体上的体现也会有所不同，这本书展示的是平均情况。

哺乳类
体长
全长
抹香鲸
鬃狼

鸟类
全长
走鹃

鱼类
全长
虾虎鱼

爬行类
全长
楔齿蜥
头部顶端至尾部顶端

两栖类
全长
大鲵
头部顶端至尾部顶端

体长
散疣短头蛙

其他
老虎枪虾
体长

甲壳的宽度
甲宽
花纹细螯蟹

大王具足虫
体长

雀尾螳螂虾
体长

翼展长
翅膀展开时，两翼前端之间的长度
委内端拉圭真犬蛾

体长
蜘蛛

全长
※头部顶端至尾部顶端
小真菌蚋

水熊
全长

全长
裸海蝶

直径
灯塔水母

全长
真涡虫

动物大小的表示方法

珍稀动物来比赛了！

今天是运动会，在晴空下，我们顶着烈日发挥了最好的状态！

你好厉害呀！**100米**赛跑得了第一名！

我是天天，一名五年级的小学生。

虽然我学习上差一点儿，但在运动方面我是最优秀的。

这是同班的淘淘。

虽然学习上不能成为明星,但是在运动方面我可是光芒四射!

运动达人

最爱运动会!

真棒啊,我总是跑最后一名。

但是你跳舞跳得很棒呀!

谢谢你!
我在学芭蕾,
最喜欢跳舞了!

嗯?

刚才有什么东西走过去了?

啊!

什么?

耳廓狐?

耳廓狐是什么?

天天，耳廓狐是一种珍稀动物，

是非常珍贵的动物。

我呀呀

我的名字叫淘淘! 小耳廓狐，你叫什么名字?

名字? 我没有名字呀!

那么你就叫团团，怎么样?

让我给你贴上创可贴吧!

团团，你的腿擦伤了!

谢谢!

不过你为什么到这里来呢?

虽然你们人类创造了优秀的文明，但是和我们这些动物比起来，根本不算什么！

你们一直旁若无人地破坏我们的栖息地，我们已经忍无可忍了！

真正优秀的物种是我们！

我们到这来，就是为了让你们明白这一点！

说起跑步，当然是我们鬃狼第一快了！

不，科莫多巨蜥才是！

哎呀，我们维氏冕狐猴才是！

论跳舞，谁也比不过我们艾草松鸡。

窃笑状

得了吧，舞蹈方面没人能够战胜我们蓝脚鲣鸟！

那个……跳舞的话，淘淘也跳得特别好！

别说了，天天！

请看下文

第一章
珍稀动物是什么？

"珍稀动物"是什么？被问到这样的问题的时候，大家能答上来吗？那么，就在本章来好好了解一下吧！

动物分类知多少

据说，已经被学者分类命名的生物约有175万种，此外，人们推测还有3000万~1亿种生物尚未被发现和命名。你知道动物是怎么分类的吗？

为什么存在群体呢?

地球上的生物，基于生态、肢体的结构、进化过程等被分成"界""门""纲""目""科""属"

例如:耳廓狐属于什么"界"?

生物一般被分为"动物界""真□界""植物界"等5个□别。具有由许多□组成、会吃其他□身体能够活动等□的生物被划分到□界中，它们就是动□

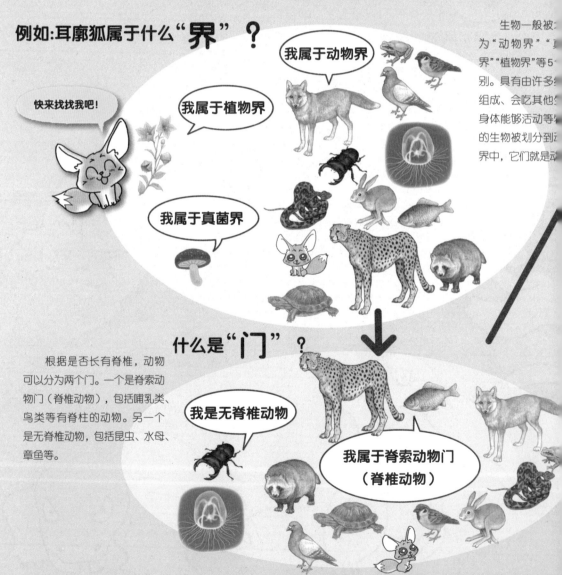

快来找找我吧!

我属于植物界

我属于动物界

我属于真菌界

什么是"门"?

根据是否长有脊椎，动物可以分为两个门。一个是脊索动物门（脊椎动物），包括哺乳类、鸟类等有脊柱的动物。另一个是无脊椎动物，包括昆虫、水母、章鱼等。

我是无脊椎动物

我属于脊索动物门（脊椎动物）

什么是"纲"？

我属于两栖纲（两栖类）

我属于鸟纲（鸟类）

我属于哺乳纲（哺乳类）

我是鱼类

我属于爬行纲（爬行类）

"纲"是"门"的细化分类。脊索动物门中的鸟纲（鸟类）的主要特点是长有羽毛和翅膀。哺乳纲（哺乳类）动物用肺部呼吸，用母乳来哺育幼子。

什么是"目"？

我属于食肉目

我属于兔形目

"纲"的下一级分类就是"目"。哺乳纲中食肉目的动物大多长有尖锐的牙齿，并且擅长捕捉猎物。

什么是"科"？

我属于犬科

"科"是由"目"细化出来的分类。此处列举的动物为食肉目动物。相比于食肉目中的猫科动物，犬科动物有着擅长跑步的特征。

我属于猫科

我是动物界、脊索动物门、哺乳纲、食肉目、犬科、狐属的叫作"耳廓狐"的种！

什么是"属"？

我是狸属

我是狐属

"属"是由"科"进一步细化得出的分类。耳廓狐就是狐属下的一个"种"。狐属动物的特征是耳朵呈三角形，嘴部细长且尖。

珍稀动物指的是？

一般来说，我们把罕见的动物称为珍兽。它们有着奇妙的相貌、体型、动作、生活方式，只存在于某些地域，数量很少，或者是远古时代的幸存者，珍稀动物之所以成为珍稀动物是有很多原因的。

腔棘鱼

分　类	硬骨鱼纲、总鳍鱼目、腔棘鱼科
全　长	约150cm

人们一度认为它早在6500万年之前已经灭绝，直到1938年有人在南非的东海岸捕获了一条活的腔棘鱼。它们生活在水深150~700m处，通常隐藏在洞穴里。它们以鱼类和乌贼类为食，属于卵生※动物，卵的直径约为10cm。幼体出生时全长约为30cm。据推测它们的寿命应该在100年以上。

※卵生：是指动物的卵在母体外发育成新个体的生殖方式。

进化中缺失的环节

生物的相貌会随着食物的种类和进食方式产生变化，身体和足的形状等由生物的栖息环境和生活方式所决定。它们的动作和生活方式还会因为食物或猎物的行动产生变化。珍稀动物之所以只存在于某些地域且数量很少，是因为受到生物的历史和人类的活动等影响。

珍稀动物中最有意思的要数"活化石"了。"活化石"通常被解释为"远古动物的幸存者"，但并不只限于此。

霍加狓

霍加狓只栖息在非洲中部热带雨林中,是与长颈鹿的祖先相近的物种。通常为亲子、一或者独自生活。它们虽然是夜性动物,但是也经常在白天活动。霍加狓以绿叶、嫩叶和果实为食。霍加狓每次只生一胎,繁殖率很低。有记录表明饲养的霍加狓寿命可达33年。

分 类　偶蹄目、长颈鹿科
体 长　约210cm

几维鸟

几维鸟是新西兰特有的物种,它们不会飞,通常单独行动,在夜晚活动于黑暗的蕨类丛中。几维鸟将自己长有鼻孔的嘴插入土里寻找爱吃的蚯蚓。在冬天,雌几维鸟会产下1~2个蛋,这些蛋长约13.5cm,重量约为450g。这种鸟的寿命为30年。

分 类　无翼鸟目、无翼鸟科
全 长　约55cm

追溯现存生物的祖先,有时并不一定会发现相关的化石,现存生物和祖先之间进化过程中的动物有时不会留下痕迹,我们把这种现象称为"动物进化的缺环"。

罕见的是,人们有时会发现这个"缺环"中还有活着的生物,我们把这种生物叫作"活化石",它们更宝贵。

珍稀动物栖息在哪里?

研究动物的学者根据动物栖息的地方,将地球上的陆地分成了几个区域,叫作"动物地理区"。让我们按照这些地理区,看看珍稀动物都是在哪里生活的吧。

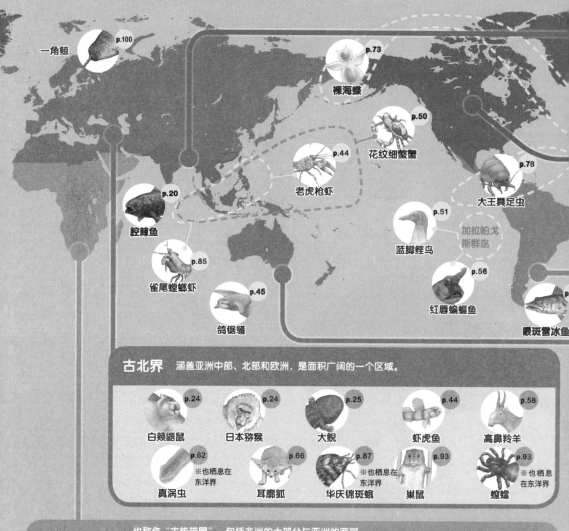

一角鲸 p.100

裸海蝶 p.73

花纹细螯蟹 p.50

老虎枪虾 p.44

大王具足虫 p.78

腔棘鱼 p.20

蓝脚鲣鸟 p.51

加拉帕戈斯群岛

雀尾螳螂虾 p.85

红唇蝙蝠鱼 p.56

鸽锯鳐 p.45

鳃斑雪冰鱼

古北界 涵盖亚洲中部、北部和欧洲,是面积广阔的一个区域。

白颊鼯鼠 p.24

日本猕猴 p.24

大鲵 p.25

虾虎鱼 p.44

高鼻羚羊 p.58

真涡虫 p.62 ※也栖息在东洋界

耳廓狐 p.66

华庆锦斑蛾 p.87 ※也栖息在东洋界

巢鼠 p.93

螳螂 p.93 ※也栖息在东洋界

埃塞俄比亚界 也称作"古热带界",包括非洲的大部分与亚洲的西部。其中的马达加斯加岛有许多独自完成进化的物种。

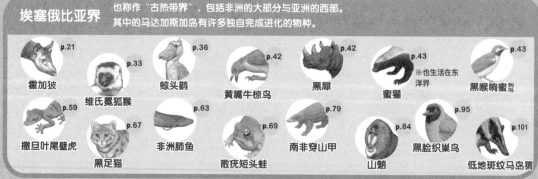

霍加狓 p.21

维氏冕狐猴 p.33

鲸头鹳 p.36

黄嘴牛椋鸟 p.42

黑犀 p.42

蜜獾 p.43 ※也生活在东洋界

黑喉响蜜䴕 p.43

撒旦叶尾壁虎 p.59

黑足猫 p.67

非洲肺鱼 p.63

散疣短头蛙 p.69

南非穿山甲 p.79

山魈 p.84

黑脸织巢鸟 p.95

低地斑纹马岛猬 p.101

东洋界　包括东南亚及亚洲南部。

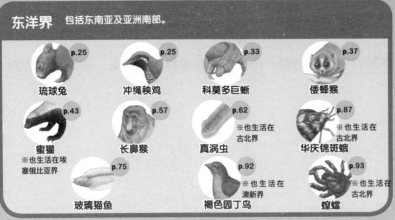

琉球兔 p.25　冲绳秧鸡 p.25　科莫多巨蜥 p.33　倭蜂猴 p.37

蜜獾 p.43
※也生活在埃
塞俄比亚界

长鼻猴 p.57

真涡虫 p.62
※也生活在
古北界

华庆锦斑蛾 p.87
※也生活在
古北界

玻璃猫鱼 p.75

褐色园丁鸟 p.92
※也生活在
澳新界

螳螂 p.93
※也生活在
古北界

新北界　包括北美大陆内墨西哥以北的大部分地区。由于新北界与古北界之前是接壤的，所以有很多共同的物种。

走鹃 p.32　北美负鼠 p.39　黑尾土拨鼠 p.44　穴小鸮 p.44
※也生活在
新热带界　艾草松鸡 p.51

新热带界　包括南美洲的大部分地区。栖息着很多独立的物种。

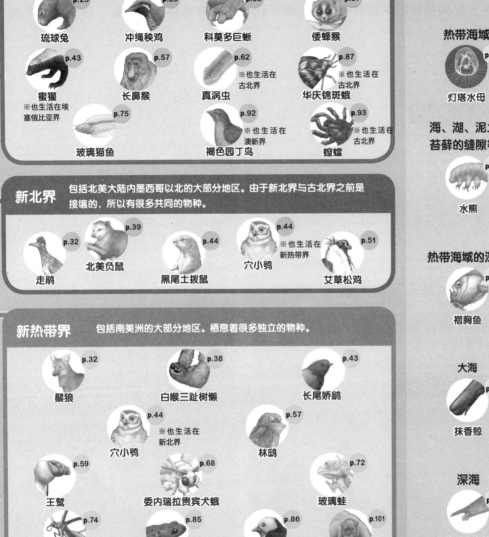

鬃狼 p.32　白喉三趾树懒 p.38　长尾娇鹟 p.43

穴小鸮 p.44
※也生活在
新北界　林鸱 p.57

王鹫 p.59　委内瑞拉贵宾犬蛾 p.68　玻璃蛙 p.72

宽纹黑脉绡蝶 p.74　草莓箭毒蛙 p.85　仙唐加拉雀 p.86　白秃猴 p.101

澳新界　也叫作"大洋界"，是许多澳大利亚特有物种生活的区域。

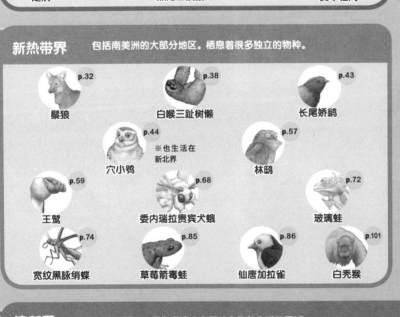

几维鸟 p.21　树袋熊 p.37　大蜥蜴 p.45　小掩鼻风鸟 p.52　劳氏六线风鸟 p.52

孔雀蜘蛛 p.53　短尾矮袋鼠 p.68　褐色园丁鸟 p.92
※也生活在
东洋界　小真菌蚋 p.94　棘蜥 p.103

生活在世界各地的珍稀动物

热带海域

灯塔水母 p.62

海、湖、泥土中，苔藓的缝隙等

水熊 p.63

热带海域的深海

褶胸鱼 p.73

大海

抹香鲸 p.79

深海

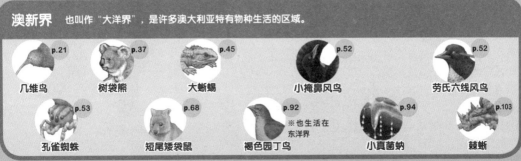

欧氏尖吻鲛 p.102

日本的珍稀动物

日本群岛上有60多种日本独有的珍稀动物，比如，日本狒猴、琉球兔、冲绳秧鸡和大鲵等！

它们是怎么来的？

100多万年以前，日本群岛与亚洲大陆原为一体，后来由于环太平洋的造山运动，地壳连续不断地发生剧烈变动，使日本与亚洲大陆分离。亚洲大陆上有许多动物，进化的速度也非常快。经过进化的动物在生存中胜出，古老的物种趋向灭绝。但在成为岛屿的地方，古老的物种却生存下来。这样就诞生了只存在于日本的特有物种。

日本的特有动物

白颊鼯鼠

分　类　啮齿目、松鼠科
体　长　约40cm

日本狒猴是一种生活在寒冷地区的灵长类动物，分布在日本本州、四国、九州等地的森林中，一般50只左右聚集在一起群居。它们通常在白天活动，它们的食物主要包括水果、嫩叶、昆虫和其他小型动物。雌性日本狒猴每年繁殖1次，每胎产1仔。寿命约为25年。

日本狒猴

白颊鼯鼠主要生活在日本本州、四国、九州的亚高山森林和北方常青森林。它们通常独自生活在大树树干中的洞穴里。夜晚时它们展开称作"飞膜"的皮肤，在树与树之间滑翔。白颊鼯鼠以树芽、花、水果等为食物。一般在春季或秋季分娩，一次产下1~4只幼子。寿命为10~14年。

分　类　灵长目、猴科
体　长　约55cm

琉球兔

分　类　**兔形目、兔科**
体　长　**约45cm**

　　琉球兔是日本的特有物种。琉球兔分布在日本的奄美大岛及德之岛，通常独自栖息在森林中，昼伏夜出。它们的食物主要包括草、树根、树皮，秋天也以橡子为食。母兔会在地里挖穴供幼兔在日间躲藏。雌性琉球兔每年繁殖2次，每次产1~2仔。寿命约为15年。

　　大鲵是世界上最大的两栖类动物，也是日本的特有物种。它们分布在日本本州的岐阜县以西与九州岛北部。大鲵栖息在山间的溪流中，一生都在水里度过。大鲵在白天都躲藏在岩石底下或是河岸的洞穴中，日落之后它们就开始从隐匿处爬出，在缓缓流动的河水中捕食鱼类等食物。有记录表明被饲养的大鲵可以活55年，所以人们推测大鲵的寿命为60~70年。

冲绳秧鸡

分　类　**鹤形目、秧鸡科**
全　长　**约30cm**

大鲵

分　类　**有尾目、隐鳃鲵科**
全　长　**约140cm**

　　冲绳秧鸡是日本的特有物种，通常独自栖息在日本冲绳本岛北部的森林中。冲绳秧鸡通常在白天活动，在草丛中取食蚯蚓等小型动物。它们虽然不会飞行，但奔走迅捷，在每年的4~5月会产下4~5个蛋。寿命为15年左右。

一起试着寻找身边的珍稀动物吧!

　　寻找珍稀动物的方法有好几种。其一是带着高倍率的双目望远镜和地平式望远镜以及动物图鉴,在山野、水边仔细观察,要是有专门拍摄珍稀动物的相机就更好了。虽然动物图鉴上写着动物的栖息地和生活状态,但自己实际看到的景象更生动。

　　另一种是安置红外触发照相机。动物走到照相机前时会自动拍下相片,需要每个月检查一下照下来的相片,这时也需要图鉴。

地平式望远镜

红外触发照相机

动物图鉴

寻找珍稀动物时,
要和大人一起行动哦!

第二章
珍禽异兽大比拼！

珍稀动物们与人类的比赛马上就要开始了。人类的命运究竟会……

接下来请看现场直播。

快点儿！快点

走鹃 »p.32

　　一种擅长奔跑的鸟。它们栖息在北美洲的西南部，在那儿你能看到它们以惊人的速度在道路和平原上奔跑。它的速度甚至能达到**42km/h**，和缓慢行驶中的汽车差不多！

跑 起 来 ！ 跑 起 来 ！

100米赛跑！

首先是100米赛跑对决！出场者有……哎呀，怎么不见动物界的冠军——猎豹的身影呢？这究竟是怎么一回事？哦，原来出场的选手仅限珍稀动物！在百米冲刺赛跑高手猎豹不参赛的情况下，谁又会跃居首位呢？

第五名 维氏冕狐猴

意料之外！落后的竟然是维氏冕狐猴！果然横着跳是不合适的……速度只有7.7km/h。

第四名 科莫多巨蜥

紧接着强势突进的是科莫多巨蜥！速度为18km/h，位列第四名……有些可惜。

第三名 人类

第三名是人类的代表——奥林匹克选手。速度为37.644km/h，人类跑得很快呀！

第一名 鬃狼

　　跃居首位的是鬃狼。它们为了适应草原生活而长出的大长腿真不是闹着玩儿的！它以90km/h的速度冲过了终点！不愧是鬃狼！

第二名 走鹃

　　第二名的速度达到了42km/h，是著名的"跑路鸟"走鹃！别看它是鸟类，在地面上跑得很快呢！

奔跑的珍稀动物们

在"吃与被吃"的动物世界中，跑得快才能幸存。猎食者得跑得足够快才能有饭吃，被猎食者要想活下来也得拼命奔跑！

犬科是跑得最快的！

鬃狼

鬃狼的肩部到背部披着黑色的鬃毛。虽然名字中带有狼字，却并不凶猛。它不会袭击大型的鹿、野猪等动物。鬃狼的四肢很长，这是为了适应它们栖息地周围的高高草丛。当鬃狼察觉到危险时，它们身上的鬃毛会竖起来。

分　类　食肉目、犬科
体　长　约130cm
体　重　约25kg
栖息地　南美洲南部的草原地带
食　物　除老鼠、蜥蜴、鸟类、昆虫之外，还有各种水果

走鹃

我是著名的"路上赛跑者"！

走鹃当然是会飞的，但如果没有危险逼迫的话，它们一般不飞。走鹃是奔跑着取食的，它能迅速地捕捉到蜥蜴。有时也能捕捉到响尾蛇，它们能迅速躲开响尾蛇的攻击，并用喙猛击蛇的头部。

分　类　鹃形目、杜鹃科
全　长　约55cm
体　重　约380g
栖息地　北美洲西南部的沙漠地带
食　物　蜥蜴、蛇、老鼠、蝎子与水果

科莫多巨蜥

我是世界上最大的蜥蜴，也是优秀的赛跑运动员！

科莫多巨蜥是巨蜥的同类，与众不同的是它们拥有像蛇一样前端分成叉的舌头。蜥蜴中体型最大的就数科莫多巨蜥了。科莫多巨蜥栖息在科莫多群岛的陆地毗连处。

分　类　蜥蜴目、巨蜥科
全　长　约230cm
体　重　约72kg
栖息地　印度尼西亚的科莫多群岛
食　物　主要以鹿和野猪等动物的死尸为食

我是"横着跳的短跑运动员"！

维氏冕狐猴

维氏冕狐猴通常在树上群居，它们能在树枝间快速跳跃。一旦到了地面，它们大多只会横着跳动，速度变慢了不少。在马达加斯加岛上栖息着约95种狐猴，它们都是在数千万年间独自完成进化的灵长类动物。

分　类　灵长目、大狐猴科
体　长　约44cm
体　重　约3.5kg
栖息地　马达加斯加岛的西部到南部的森林
食　物　喜欢吃水果、花、嫩叶，也吃枯树叶

33

"木头人" 大比拼！

第一名 鲸头鹳

野生鲸头鹳在等待猎物时会保持静止，对它来说，两三个小时一动不动是很平常的事。

第二名 倭蜂猴

第二名是倭蜂猴！当它察觉到危险时，可以持续1小时一动不动。

接下来，我们进行一场跟前面完全相反的比赛，大家保持不动，看谁能坚持得更久！第一名是野生的鲸头鹳，在动物园里的树袋熊是倒数第一，没想到吧？

第四名 树袋熊

由于北美负鼠失去比赛资格，爱睡觉的树袋熊意外获得第四名！

第三名 白喉三趾树懒

倭蜂猴和白喉三趾树懒，都是通过静止来节约自身能量的，前者静止的时间略胜一筹。

无资格 北美负鼠

第四名本应该是北美负鼠！它们是装死的高手，可是在裁判上前查看的时候……哎呦，完全不像在装死的样子！结果，北美负鼠被取消了比赛资格！

　　猎食者和被猎者通常采取迅猛移动或全然不动的隐藏，哪种方式才是最好的？许多动物都会一动不动地等待猎物进入猎程或等待敌人离开，这种方式不仅节约能量，还很有效率。

优秀的猎人从不慌张、吵闹……

鲸头鹳

　　鲸头鹳在捕食鱼类时，全靠它巨大的头和木鞋状的巨大鸟喙。它能一直静静地等待猎物出现，甚至能与水中的鱼等融为景色的一部分。在猎物浮出水面的瞬间，鲸头鹳用自己的喙迅速捕捉猎物。

分　类	鹳形目、鲸头鹳科
全　长	约120cm
体　重	约5kg
栖息地	东非内陆的沼泽地带
食　物	肺鱼、鲶鱼等鱼类，青蛙，小型蛇等

倭蜂猴

不动是最强的防身术。

倭蜂猴的舌下有两个小舌，小舌的顶端比较尖，常用来清洁倭蜂猴的门牙缝隙，像牙签一样。倭蜂猴是夜行性动物，行动非常迟缓，但捕捉昆虫时的动作却很敏捷。察觉到危险时，倭蜂猴可以持续1小时一动不动。

分　类　灵长目、懒猴科
体　长　约20cm
体　重　约200g
栖息地　中国、越南、老挝等国
食　物　除食昆虫、壁虎等小动物之外，还吃水果与树胶

一天当中醒着的时间可能有2小时吧。

树袋熊

树袋熊又叫考拉，它能够借助体内细菌的力量让难以吸收消化的桉树叶慢慢发酵。桉树叶虽然是考拉能量的来源，但几乎没有营养，因此考拉平时尽量不活动，以减少能量的消耗。

分　类　袋鼠目、树袋熊科
体　长　约80cm
体　重　约15kg
栖息地　澳大利亚东部的桉树林
食　物　桉树叶

我是"节能"标兵!

白喉三趾树懒

　　白喉三趾树懒一天只需要7~8片大树叶就能吃饱。它们胃里的细菌能帮助它们慢慢消化所吃的食物。早晨,它们沐浴在日光中,细菌也开始积极地活动。白喉三趾树懒过着"能不动就不动"的"节能生活"。

分　类	贫齿总目、树懒科
体　长	约60cm
体　重	约5kg
栖息地	中美洲及南美洲的热带森林
食　物	树叶

北美负鼠

北美负鼠主要在夜间活动。它们大多在地面找寻食物，但也很擅长爬树。被郊狼等敌人袭击时会装死，并发出腐臭的气味。这种装死的行为可以驱逐掠食者，从而保住性命。北美负鼠一年生产1~3次，每胎可孕育8~18只小鼠。野生北美负鼠寿命为2年左右。

分 类 负鼠目、负鼠科
体 长 约50cm
体 重 约5.5kg
栖息地 加拿大南部至哥斯达黎加北部的草原与森林
食 物 老鼠、蜥蜴、鸟类、水果等

虽然个头儿很小，但力气还挺大呢！

小知识

母子都很拼命！北美负鼠的"育儿经"！

北美负鼠的妊娠期为12~13天，每次能产下8~18只小负鼠。刚生下的小负鼠会爬进母负鼠身上的"育儿袋"里吃奶。北美负鼠一般有13个乳头，如果一次生出的小负鼠数量超过乳头的数量，一部分小负鼠就会面临死亡的命运。10周过后，小负鼠们就长得和老鼠差不多大了。出去觅食的时候负鼠妈妈会将小负鼠们捉到背上背着，因为小负鼠的数量很多，所以负鼠妈妈行动缓慢。

好辛苦呀！

团队合作的高手是谁！

团队合作在我们人类社会很常见。在动物的世界里，因为大家都各自自由地生活，合作是一件很难得的事情。在下面的比赛里，不论是相同种类还是不同种类之间，只要能成功组队并互相合作，就算胜利！

虾虎鱼和老虎枪虾

虾虎鱼与老虎枪虾是住在一起的同伴。老虎枪虾视力极好，能够感知危险，提醒虾虎鱼快逃，作为回报，虾虎鱼会和它分享食物和洞穴。

大蜥蜴和鸽锯鹱

大蜥蜴狡猾地寄居在鸽锯鹱的巢穴中，鸽锯鹱会将入侵的敌人赶跑。

黑尾土拨鼠和穴小鸮

本以为它们是好朋友，不料穴小鸮只会借用黑尾土拨鼠的旧窝！观众会怎么打分呢？

长尾娇鹟

长尾娇鹟在求爱时会跳舞！两只雄性娇鹟会组队来吸引雌性娇鹟。不过，只能有两只雄鸟能获得雌性的青睐……这才是真正的献身表演！

黑犀和黄嘴牛椋鸟

黑犀很喜欢黄嘴牛椋鸟的陪伴！因为黄嘴牛椋鸟会将黑犀身上的寄生虫吃掉……

獾和黑喉响蜜䴕

它俩都喜欢吃蜂蜜。黑喉响蜜䴕负责找蜂巢，蜜獾负责打破蜂巢，分工多么明确呀！

人类

他们正在配合吃饭，虽然也不错，不过比起拼了命的动物们……得分不高哦。

擅长合作的珍稀动物们

不同种类动物间互相帮助的习性叫作"共生"。但在动物界只对一方有益的"偏利共生"很多，彼此互利互惠的"互利共生"则是非常少见的。

分 类	雀形目、椋鸟科
全 长	约20cm
体 重	约70g
栖息地	非洲热带稀树草原
食 物	蜱虫等微小节肢动物和食草动物的血液

黄嘴牛椋鸟

黄嘴牛椋鸟真是个
能干的好帮手……

黑犀

分 类	奇蹄目、犀科
体 长	约430cm
体 重	约1.8t
栖息地	非洲热带稀树草原
食 物	灌木树叶

栖息在非洲热带稀树草原的黑犀等食草动物的身体上总能看见黄嘴牛椋鸟，它能帮助这些食草动物整理毛发，挑出其中的跳蚤、虱子、吸血苍蝇，或者皮上的蜱虫，然后吃掉。所以，黄嘴牛椋鸟被认为是益鸟。但是，最近的研究表明，黄嘴牛椋鸟喜欢的是食草动物伤口上流出的血液。黑犀以前遍布非洲大陆，但是非法狩猎使它们的数量减少到了4000头以下，成为了珍稀动物。

我们一起跳舞吧!

长尾娇鹟

雄性娇鹟的全身大部分为黑色,背部为蓝色,头部为红色,尾部有两根比身体长很多的羽毛。在求爱时,两只雄性娇鹟会做出像在蹦床上跳跃一样的动作跳跃到雌性娇鹟的面前,雌性娇鹟则会选择自己欣赏的雄性娇鹟。

分 类	雀形目、娇鹟科
全 长	约11cm
体 重	约19g
栖息地	中美洲的太平洋周围地区
食 物	果实与昆虫等

要寻找蜂蜜,最好结伴而行!

黑喉响蜜䴕

类	䴕形目、响蜜䴕科
长	约20cm
重	约50g
息地	撒哈拉沙漠以南的非洲
物	蜂巢的蜂蜡、白蚁等昆虫

蜜獾

分 类	食肉目、鼬科
体 长	约110cm
体 重	约14kg
栖息地	亚洲南部和非洲
食 物	老鼠、蜥蜴、蜂蜜、果实等

蜜獾最喜欢吃的是蜂蜜,被称为"蜂蜜探测仪"的黑喉响蜜䴕仿佛知道这个秘密一般,它会和蜜獾一起去寻找蜂窝,呼唤蜜獾跟随着自己,把蜜獾带到蜜蜂的家。蜜獾用其强壮有力的爪子扒开蜂窝吃蜂蜜,黑喉响蜜䴕就能跟着一起享用美食了。

穴小鸮

利用被废弃的东西……
我很环保吧?

黑尾土拨鼠擅长打洞作为自己的巢穴,有很多出入口,它们挖的巢穴内部还有卧室和厕所等。穴小鸮昼夜都会外出活动,它们会在黑尾土拨鼠等动物废弃的洞穴中栖息、产卵和育儿。

分 类	啮齿目、鼠科
体 长	约45cm
体 重	约1.2kg
栖息地	北美洲中部至西部的平原
食 物	草、草根、树的果实和昆虫等

黑尾土拨鼠

分 类	鸮形目、鸱鸮科
全 长	约24cm
体 重	约240g
栖息地	南、北美洲平原地带
食 物	昆虫与老鼠等

虾虎鱼

跟你在一起,我很安心!

老虎枪虾

分 类	鲈形目、虾虎鱼科
全 长	约13cm
体 重	约16g
栖息地	除南极、北极外的世界各沿岸水域
食 物	藻类与浮游生物等

老虎枪虾居住在海底泥沙中的洞穴里,虾虎鱼寄居于此。虾虎鱼在洞穴的入口处,一旦察觉到危险时便会迅速逃跑。老虎枪虾的两条触角经常会触碰到虾虎鱼,能够时刻了解到虾虎鱼的动态来辨别危险。

分 类	十足目、老虎枪虾科
全 长	约4.5cm
体 重	约1.5g
栖息地	西太平洋和印度洋水域
食 物	藻类与浮游生物

鸽锯鹱

分　类	鹱形目、鹱科
全　长	约26cm
体　重	约150g
栖息地	南极周边海域
食　物	小甲壳类生物（浮游生物）等

　　冬季即将结束时，大蜥蜴栖息的孤岛会变成鸽锯鹱的地盘儿。它们会在地上挖洞作为自己的巢穴来孕育自己的雏鸟。大蜥蜴会挤进这个洞中。因为鸽锯鹱有团结起来一起赶走敌人的习性，所以大蜥蜴的蛋也能得到很好的保护。

大蜥蜴

分　类	大蜥蜴目、大蜥蜴科
全　长	约70cm
体　重	约1kg
栖息地	新西兰北岛周围的小岛
食　物	蜗牛和昆虫等

我和保镖住在一起！

有3只眼睛，好厉害呀！

小知识

嗯，3只眼睛？大蜥蜴特殊的身体。

　　大蜥蜴是从恐龙时代存活下来的爬行动物，身体构造和约1亿4000万年前栖息在地球上的同类几乎没有什么差别，有"活化石"之称。大蜥蜴的头顶长有一片对光很敏感的肌肤，叫作顶眼（第3只眼）。在步入成熟期后，这片对光敏感的皮肤会慢慢消失。

我的第3只眼睛能够感受到光哦！太阳在这里！

蓝脚鲣鸟 >>> p.51

蓝脚鲣鸟有着色彩鲜明的蓝色双脚。它们似乎对自己的双足感到很骄傲。到了繁殖的季节，它们会左右抬起那双醒目的蓝色大脚跳舞，就像跳踢踏舞那样！

单脚抬起……

踢踏舞！

真棒的舞蹈呀！

看我跳得怎么样！

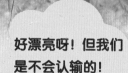

好漂亮呀！但我们是不会认输的！

花纹细螯蟹  >>> p.50

　　花纹细螯蟹拿着像啦啦队长手中的毛球一样的东西，其实这是两个小海葵。你看它像跳舞一样，其实它是在反击袭击它的小鱼。它腹部那一团橙红色的疙瘩是它的卵。

假如 舞蹈比赛!

花纹细螯蟹

看起来很可爱的花纹细螯蟹手中拿的是……海葵!这个可爱的小螃蟹,就像啦啦队女孩一样用它们保护着自己的身体。

艾草松鸡

到了繁殖期时,雄性艾草松鸡前胸两个气球一样的囊会鼓起,它们还会通过舞蹈来吸引雌鸟的注意。鸟类的这种"舞蹈",其实是一种竞争手段,只有强者才能让自己的子孙延续下去。

孔雀蜘蛛

孔雀蜘蛛同其他动物一样也会跳舞，但是它们只为了吸引异性。

在美妙舞姿的竞技场里，可以看到各种各样珍稀动物舞者：胸部蓬起的艾草松鸡，跳着踢踏舞的蓝脚鲣鸟，动物界公认的"舞王"风鸟，还有花纹细螯蟹与孔雀蜘蛛，不过它们实在太小了，稍不注意就会错过哦！

蓝脚鲣鸟

雄鸟们跳着踢踏舞般的舞蹈，希望得到雌鸟的青睐。

掩鼻风鸟和劳氏六线风鸟

右侧是小掩鼻风鸟，左侧是劳氏六线风鸟，它们都是风鸟。风鸟的舞姿也是用来吸引异性注意的一种求爱行为。

翩翩起舞的珍稀动物们

　　动物们的舞蹈大多是对异性的求爱行为，为了能吸引异性的注意，为了繁殖后代，它们的动作逐渐变得夸张。其中值得一提的是花纹细螯蟹，这种小螃蟹奇怪的舞蹈并不是求爱行为，而是一种反击的战斗行为！

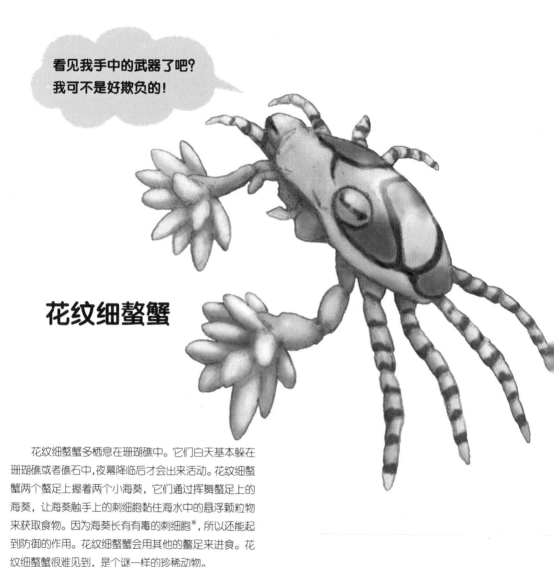

看见我手中的武器了吧？
我可不是好欺负的！

花纹细螯蟹

　　花纹细螯蟹多栖息在珊瑚礁中。它们白天基本躲在珊瑚礁或者礁石中，夜幕降临后才会出来活动。花纹细螯蟹两个螯足上握着两个小海葵，它们通过挥舞螯足上的海葵，让海葵触手上的刺细胞黏住海水中的悬浮颗粒物来获取食物。因为海葵长有有毒的刺细胞※，所以还能起到防御的作用。花纹细螯蟹会用其他的螯足来进食。花纹细螯蟹很难见到，是个谜一样的珍稀动物。

※刺细胞：水母和海葵具有的毒针状细胞。

分 类	十脚目、扇蟹科
甲 宽	约2.5cm
体 重	约3g
栖息地	太平洋中西部至印度洋的热带海域
食 物	微生物（有机物）

又要跳踢踏舞，又要送礼物……恋爱好辛苦呀！

蓝脚鲣鸟

在繁殖期，雄性蓝脚鲣鸟轮番抬起醒目的蓝色大脚，跳着奇妙的舞蹈，在雌鸟周围吸引它们的注意力。如果雌鸟也跳起同样的踢踏舞，就证明求爱成功了。除了跳舞以外，雄鸟还会把小石子作为礼物送给雌鸟。

分 类	鹈形目、鲣鸟科
全 长	约80cm
体 重	约1.5kg
栖息地	美洲大陆沿岸的太平洋，加拉帕戈斯诸岛及周边热带海域
食 物	鱼类

艾草松鸡

为了下一代，我们也拼了！

到了繁殖期，可以看到数百只雄鸟与雌鸟聚集在一起，形成一个集体求偶场的景象。雄鸟会鼓起胸部两个像气球一样的囊，展开尾羽向雌鸟求爱。

分 类	鸡形目、松鸡科
全 长	雄性：约80cm；雌性：约55cm
体 重	雄性：约3.1kg；雌性：约1.6kg
栖息地	北美洲中西部干燥的草原
食 物	草叶和嫩芽、昆虫等

用华丽的舞姿……

轻松迷倒雌鸟！

小掩鼻风鸟

分 类 雀形且、极乐鸟科
全 长 约24cm
体 重 约90g
栖息地 澳大利亚东北部的热带雨林
食 物 果实、昆虫与蜗牛等

劳氏六线风鸟

分 类 雀形且、极乐鸟科
全 长 约26cm
体 重 约160g
栖息地 巴布亚新几内亚东部山地的热带雨林
食 物 果实、昆虫与蜗牛等

  风鸟又叫"极乐鸟"，大约有40种，雄鸟因其美丽的外表被人熟知。每当进入繁殖期，雄鸟就会聚集在一起跳起精心准备的求爱舞。其中，小掩鼻风鸟的舞蹈别具一格，它们左右翅膀展开后会形成一个环形，以此来吸引雌鸟的注意。栖息在巴布亚新几内亚的劳氏六线风鸟，头部有像簪子一样的装饰羽毛，它的翅膀展开后就像一个斗篷将身体包裹起来。头上的"簪子"颤动起来也很有趣，它们用这个舞蹈来吸引雌鸟。

孔雀蜘蛛

看我这个造型美不美!

孔雀蜘蛛不结网,它们在各种草或者树干上爬来爬去,一旦发现猎物,就会立即跳过去捕捉。到了繁殖期,雄性孔雀蜘蛛会故意在雌性孔雀蜘蛛面前展示其美丽的腹部,并不断左右摇摆,就好像孔雀开屏一样,因此得名。附近的雄性孔雀蜘蛛们看到后会不服输地将自己的腹部展露出来比美。孔雀蜘蛛虽然平时不筑巢,但是雌性蜘蛛产卵时会筑巢并潜入所筑的巢穴之中产卵。

分　类　蜘蛛目、跳蛛科
体　长　约1cm
体　重　0.5g以下
栖息地　澳大利亚
食　物　小昆虫等

谁的表情更有趣！

撒旦叶尾壁虎

竞争对手不仅仅是眼前的动物，小心头上正在准备发动袭击的撒旦叶尾壁虎哦！

长鼻猴

长鼻猴长着一个夸张的大鼻子，它根本不把人类的变脸当回事。在它们的世界里，鼻子越大越"吃香"。

紧接着进行的是鬼脸大比拼。参赛者们从洞中伸出头来进行比赛。人类展示了丰富的表情，珍稀动物们开始慌张了，因为它们"特殊的长相"是与生俱来的，是无法改变的。那么，最后的赢家究竟会是谁呢……

林鸱

林鸱的表情很有趣……但这只是它们对光线的条件反射！

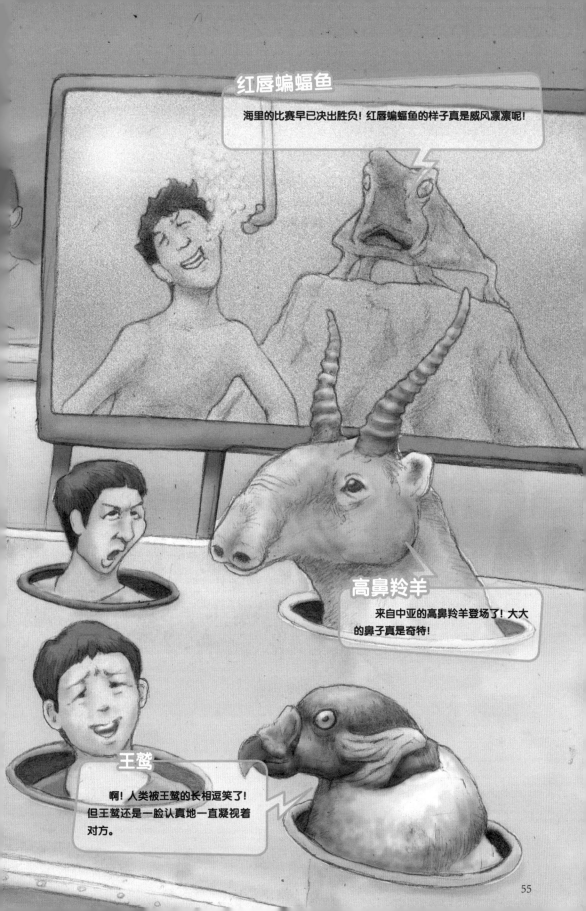

生物们的容貌和体型是由食物和生活环境等所决定的。在草原上生活的动物为了适应奔跑，腿会越来越长，食草动物长着"马脸"是因为磨碎硬草需要大的牙齿和强有力的下颌……当你看到长着奇特容貌的珍稀动物时，不妨想一想为什么。

红唇蝙蝠鱼

"海洋生物里最特别的脸"非我莫属！

红唇蝙蝠鱼的身体像UFO一样，长着4条奇怪的"腿"，长有鲜红的嘴唇。它游泳的姿势稍显笨拙，但却可以用鳍在海底行走。它那突出的红色嘴唇是用来诱捕猎物的。

分　类　鮟鱇目、蝙蝠鱼科
全　长　约17cm
体　重　约250g
栖息地　加拉帕戈斯群岛附近的浅海海域
食　物　虾等甲壳类及小鱼等

林鸮

林鸮是一种夜出鸟类，白天多停留在枯木上休息。它站在树枝上的样子和枯木非常像，不仔细看的话是很难分辨的。林鸮到了夜间才会活动，捕食飞行的昆虫。典型的捕食方式是站在树枝上，等昆虫路过便突然飞出捕捉。为了能够适应漆黑的夜晚，林鸮长有一双像夜鹰一样的大眼睛。白天时，因为周围光线太强，林鸮的瞳孔会缩小，真奇妙呀！

分 类　夜鹰目、林鸮科
全 长　约41cm
体 重　约175g
栖息地　中美洲及南美洲热带雨林与草原
食 物　昆虫

分 类　灵长目、猴科
体 长　约76cm
体 重　约24kg
栖息地　加里曼丹岛的沿海低地森林
食 物　红树林的芽及嫩叶

长鼻猴

雄性长鼻猴长着醒目的大鼻子。如果你仔细观察长鼻猴进食，就会发现由于这个大鼻子一直悬垂到嘴的前面，晃晃荡荡，所以它们在吃东西的时候不得不先将它歪到一边。但这个碍事的鼻子却被雌猴认为是魅力的象征，而且它们的大鼻子还可以发出"bū"的共鸣声呢！

高鼻羚羊

　　高鼻羚羊外表的奇妙之处在于它有一个膨起、下弯的鼻子，鼻孔中有一种长有特殊黏膜的囊。高鼻羚羊栖息在中亚半荒漠地带的草原上，它的鼻子可使吸入的空气变热并变得更加湿润，以适应高原寒冷的环境。当它们被狼等动物追赶时，需要长时间在冷空气中奔跑，这样的鼻腔可以给吸入的空气加热，还能防止消耗大量体力。

分　类　偶蹄目、牛科
体　长　约145cm
体　重　约50kg
栖息地　中亚半荒漠地带
食　物　苦艾等草

撒旦叶尾壁虎

是树叶？ 不,是壁虎!

撒旦叶尾壁虎因尾巴像枯叶而得名。它们身体的颜色和树干的颜色几乎一模一样,伪装技术十分高超,当它们从树枝上爬下来时,你很难识别出来。它们的天敌是鸟和狐猴。

分 类	有鳞目、壁虎科
全 长	约10cm
体 重	约20g
栖息地	马达加斯加岛东部的森林
食 物	昆虫与蜘蛛等

王鹫

我看起来很迟钝, 但可做着重要的"清理"工作呢!

奇妙的是,王鹫的头部及颈部没有羽毛,红色的喙上有黄色的肉冠※。艳丽的外表是用来分辨同伴的标记。头部及颈部没有羽毛是有原因的。王鹫以动物的腐肉为食,如果有羽毛的话,腐肉里的细菌会附着在羽毛上导致它们生病。王鹫食腐肉的习惯能够防止病菌在其他动物间扩散。

※肉冠:鸟类面颊及下颌上下垂的肉质突起。

分 类	隼形目、美洲鹫科
全 长	约80cm
体 重	约4.5kg
栖息地	南美洲的热带雨林及草原地区
食 物	动物的腐肉

假如

寿命大比拼!

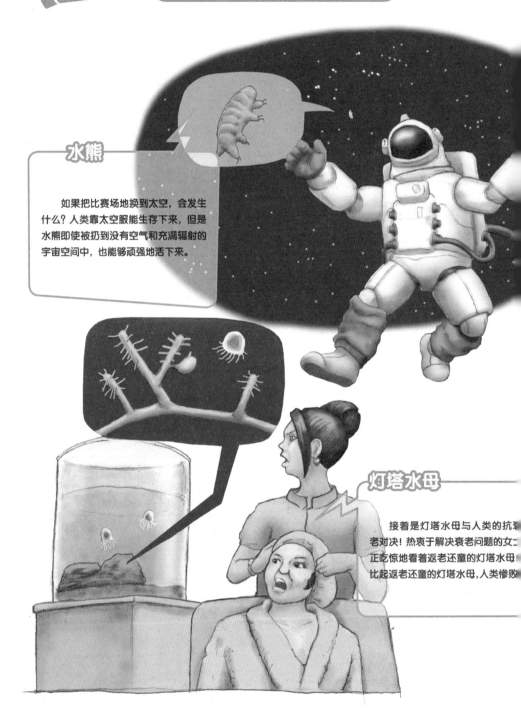

水熊

如果把比赛场地换到太空，会发生什么？人类靠太空服能生存下来，但是水熊即使被扔到没有空气和充满辐射的宇宙空间中，也能够顽强地活下来。

灯塔水母

接着是灯塔水母与人类的抗衰老对决！热衷于解决衰老问题的女二正吃惊地看着返老还童的灯塔水母比起返老还童的灯塔水母，人类惨败

生命力大赛终于拉开了帷幕！水熊、灯塔水母……动物界中一流的强者已经登场。但还有些强者比它们"强"出一大截。这究竟是为什么呢？因为它们拥有着"不死之身"！一起来看看这些珍稀动物们的战况吧！

真涡虫

这里是人类与真涡虫的比赛。刹那间，真涡虫就被切碎了！本以为就这么简单地分出了胜负，却没想到真涡虫分裂后竟一直活着！真涡虫就算被切成10块，也会分裂成10只新虫而生存下来。人类输惨了！

非洲肺鱼

最后登场的是非洲肺鱼。当非洲肺鱼所生存的池塘被吸干的时候，它们会用分泌物将身体包裹作茧，躲藏在泥土中……简直就是"不死之身"！珍稀动物中的优胜者是谁很难抉择，但是人类的惨败已经是板上钉钉的事了。

"不死"的珍稀动物们

  有着"不死之身"的动物，实际上是进化过程中幸存的原始物种。动物一般会在有限的寿命中延续子孙，但也有可能会出现因适应环境巨变而突然变异的个体，比如长生不老的灯塔水母，它们在延续子孙的过程中遭遇环境突变，现在的不死亡之身就是当时进化的结果。

年龄增长了之后就
会返老还童哦！

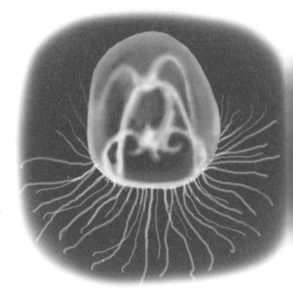

灯塔水母

  灯塔水母为卵生，在母体内孵化后进入海中，并且附着在岩石上，张开触手，看上去像水螅一样。从水螅体长到成熟需要20~30天，之后又会返老还童回到水螅体。

分　类	花水母目、捧螅水母科
直　径	约1cm
体　重	1g以下
栖息地	热带海域
食　物	浮游生物

真涡虫

  用刀将真涡虫切成100段，条件良好的情况下可能长成100只真涡虫切下的每一段儿都能够成为一只新生的真涡虫，惊人的是长出的新真涡虫仍能保持切断前的记忆。这种动物的记忆不仅依靠脑神经结来实现，似乎身体细胞内部进行的化学反应也能把记忆反映出来。目前还在进一步研究中。

切成多少段儿我都不怕！

分　类	三肠目、涡虫科
全　长	约4cm
体　重	2g以下
栖息地	池塘与河流
食　物	微小的水生昆虫

水熊

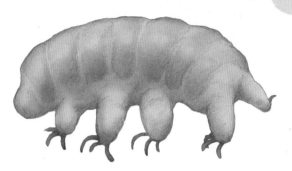

我睡觉时是无敌状态！

水熊是地球上已知生命力最强的生物，就算持续睡上10年也能苏醒过来。2008年，NASA将水熊送入太空，到达太空轨道时打开了装有处于睡眠状态的水熊的容器，让这些缓步动物在太空中暴露在宇宙射线※、强阳光照射及剧烈温差的一系列恶劣条件下，结果回到地球后，它们很快就恢复了正常状态，并且继续正常繁衍后代。

※宇宙射线：宇宙空间内交织的高能量射线，对人体危害较大。

类	棘甲目、棘影科
长	约0.1mm
重	1g以下
地	世界上的海、湖、池塘周围泥土里，苔藓和地衣里
物	植物的汁液，一小部分食肉

非洲肺鱼

人们说我是两栖类的祖先！我才是真正的"活化石"！

非洲肺鱼长有肺，这种肺被认为是在鱼鳔发生变化的基础上形成的，是脊椎动物肺的原始形态。现在仅有5种肺鱼栖息在澳大利亚、南美洲、非洲这3个大陆上。在旱季时非洲肺鱼会在水深40cm的地方制造小洞穴蜷缩起来，静静地躺在里面休眠。据说非洲肺鱼1年中有7~8个月是休眠的，它们甚至可以离开水面不吃不喝休眠4年，当河水再来时它们又重获新生。

分类	双鳔肺鱼目、非洲肺鱼科
全长	约1m
体重	约4kg
栖息地	非洲、大洋洲和南美洲的赤道地区
食物	鱼类、甲壳类、蠕虫等

假如

看看谁最萌！

No.2

散疣短头蛙

二号选手散疣短头蛙登场！这个看上去很大的家伙，体长仅有6cm。它长得跟常见青蛙不同，当它用短短的四肢努力奔跑的时候，看起来很可爱。

看看

现在我们来改变一下气氛，看一看谁更可爱吧！这里有看起来很可爱的动物，还有人类的顶级偶像登场，会场的气氛一下子沸腾起来了！不过，很难决出胜负……动物们的可爱程度完全依赖人类的喜好。喜欢猫，喜欢青蛙，喜欢蛇……还有人喜欢鹅呢！评委和观众们的喜好究竟是怎样的呢？

委内瑞拉贵宾犬蛾

　　这名选手是在 2009 年被发现的委内瑞拉贵宾犬蛾。虽然只有约 6.2cm 长，但它华丽的外表迷倒了许多观众。

耳廓狐

　　排名第四的是耳廓狐！拥有沙漠动物特有的蓬松毛发，俘获了众多女性观众的芳心。

黑足猫

　　接下来登场的是猫科动物中个头儿最小的黑足猫。猫本身就有很高的人气，黑足猫是其中最小的种类，更受人们欢迎了！

短尾矮袋鼠

　　最后登场的选手是来自澳大利亚的短尾矮袋鼠！虽然是袋鼠的同类，但是它们的外表却长得像布偶玩具一样。

可爱的珍稀动物们

　　意大利的动物行为学家列出了几种人们认为动物很可爱的条件：整体为圆形，有着柔软的感觉，喜欢玩耍，面部像人类一样较扁平，有着水汪汪的大眼睛，尾巴短短的，等等。不过也有很多动物虽然不符合这些条件，但是也很可爱。大家觉得什么样的动物比较可爱呢？

耳廓狐

大大的耳朵不仅仅是
为了看上去可爱哦！

分　类　食肉目、犬科
体　长　约40cm
体　重　约1.5kg
栖息地　北非与阿拉伯半岛的沙漠地区
食　物　野老鼠、小鸟、蜥蜴、昆虫、植物根茎等

　　耳廓狐能够适应缺水、炎热的沙漠环境，它们的脚掌被又软又细的长毛覆盖，能够在滚烫的沙地上行走，两只张开的大耳朵是个不停散热的散热器。耳廓狐白天在沙地的洞穴或岩洞中睡觉，躲避沙漠烈日，夜间觅食。耳廓狐喜欢吃体液多的小动物和植物根茎，它们给耳廓狐提供了水和营养成分，所以只要能吃到植物，耳廓狐在缺水环境下也能一直生存。像耳廓狐一样生存在干燥环境的动物，毛都是很蓬松的，皮肤表面没什么油脂。耳廓狐厚厚的毛可以抵御白天的炎热和夜晚的寒冷。

黑足猫

我们是最小的猫，
生活在博茨瓦纳。

黑足猫是野生猫科动物中个头最小的种类。和耳廓狐一样，为了适应在滚烫的沙子上行走，它的脚掌上覆盖着长长的绒毛。作为野猫，黑足猫的大耳朵能够探测到地下昆虫的声音。黑足猫通常单独行动，它们多躲在白蚁山或跳兔的弃穴里。虽然黑足猫在天黑之后才会开始活动，但是比起在白天活动的其他猫科同类，黑足猫的活动强度更大。非洲拥有狮子、猎豹等大型猫科同类，黑足猫能通过捕食那些它们不捕食的小型猎物来延续自己的生命。

分　类　食肉目、猫科
体　长　约50cm
体　重　约1.6kg
栖息地　南非的博茨瓦纳
食　物　野老鼠、小鸟、蜥蜴与昆虫等

这蓬松的毛毛，
像不像贵宾犬?

委内瑞拉贵宾犬蛾

2009年被发现的珍稀蛾类生物，因全身覆盖着白色蓬松的毛，长相与贵宾犬相像而得名。又大又黑的眼睛看上去很可爱。它们在秋天来临时会栖息在落叶中。委内瑞拉贵宾犬蛾是夜行性的，有趋光性。

分 类	鳞翅目、枯蛾科
翼展长	约6.2cm
体 重	1g以下
栖息地	委内瑞拉
食 物	幼虫食橡树与樱花树的叶子等

我们只生活在澳大利亚哦!

短尾矮袋鼠

散疣短头蛙

丸子？球？不，我是青蛙！

散疣短头蛙栖息在干燥的土地上，它们一年中绝大多数的时间都在地下度过，具有可爱的、圆球状的身体和短粗的四肢。雌性散疣短头蛙会将卵产在潮湿的土洞里，这些卵将直接发育成幼蛙而不会经历蝌蚪阶段。

分 类　无尾目、姬蛙科
体 长　约6cm
体 重　约5g
栖息地　非洲南部的荒地及草原等
食 物　白蚁等小型土壤动物

它是最小的袋鼠，全身覆盖着浓密粗糙的短毛，整体看起来是圆的：圆溜溜的眼睛，鼓鼓的脸蛋，圆滚滚的身材。此外，它们还拥有十分可爱的笑容，被称为"世界上最快乐的动物"。

分 类　有袋目、袋鼠科
体 长　约54cm
体 重　约4.2kg
栖息地　澳大利亚西南部的沼泽与荒地
食 物　草、树叶与树芽

假如

谁是隐藏大师！

褶胸鱼

到底还是没有发现褶胸鱼！这种鱼的身体只有几毫米厚，不仔细看根本发现不了。

冰海天使

哈哈，我发现了冰海天使！这种身体透明的小家伙简直太美了！

在自然界中,"隐身"是一种对各种动物都有利的生存技巧。如此看来,"透明"的动物可以说是自然界中最强的!和这样的动物们捉迷藏的话,人类能找到它们吗?海里与陆地上的捉迷藏大赛即将开始。

宽纹黑脉绡蝶

在陆地上隐身是极为困难的事情。长有透明羽翼的宽纹黑脉绡蝶已经完全融入了景色之中,悠闲地拍打着翅膀。

玻璃蛙

玻璃蛙甚至都不屑隐藏!透过玻璃蛙透明的身体能看见它身下的叶子,多么成功的隐身术。

玻璃猫鱼

我们只能清晰地看见它们的头部。想要找到玻璃猫鱼真的很难啊!

71

透明动物的身体不会反射光线，是因为它们的皮肤、内脏和血液中没有色素。没有色素的情况下，抗紫外线的能力比较差，所以这些动物特别怕晒，但是因为身体透明，它们身体的轮廓会和周围景物融为一体，不易被天敌捕获。

玻璃蛙

最擅长隐身！

玻璃蛙栖息在热带雨林中，白天一般在叶子上休息，到了夜间才会开始活动，透明的身体能够发挥它的最大作用。它们最主要的天敌是视力好的鸟。白天阳光会透过它们的身体照在叶子上，就像叶子在闪光一样，玻璃蛙身体的轮廓几乎看不见。雌蛙会在树叶上产卵，而雄蛙的责任是在旁边守护着这些卵。

分　类　无尾目、雨蛙科
体　长　约2.6cm
体　重　约5g
栖息地　中、南美洲的热带雨林中
食　物　昆虫等

冰海天使是
肉食动物！

裸海蝶

　　裸海蝶有一个美丽的别名：冰海天使，它们长大后会把壳脱去。冰海天使几乎全身透明，内脏等器官能够从外面看到。它们游动时拍动着透明的两翼，外型看似传说中的天使。它们是肉食动物。当它们发现猎食对象时，会拍动双翼接近猎物，头部那两个像触角的东西之间会瞬间伸出6条触角，把猎物扯入体内消化掉。

分　类　翼足目、海若螺科
全　长　约3cm
体　重　约0.3g
栖息地　以北极海域为中心的北太平洋、北大西洋的寒冷海域
食　物　相似种类的浮游性小卷贝

从正面、侧面、下面……
试着找出我吧！

褶胸鱼

分　类　鲑形目、星光鱼科
全　长　约5.5cm
体　重　约7.5g
栖息地　温暖海域的深海（300~1500m）
食　物　小虾与浮游生物等

　　从正面看，褶胸鱼身体的厚度只有几毫米，所以不易被猎物发现。这种鱼从侧面看上去像是透明的，这是因为它们皮肤下有一种叫作"鸟嘌呤"的物质呈结晶状地排列，像镜子一样能够反射出周围的景色。

宽纹黑脉绡蝶

美丽的花朵是带刺的，
美丽的蝴蝶是有毒的！

　　拥有透明翅膀的昆虫并不少见，但拥有透明翅膀的蝶类是非常罕见的。它们那双透明的羽翼就像精雕细琢的玻璃制品一样能给人以美的感受。宽纹黑脉绡蝶有着纤细的躯干，又大又薄的蝶翼好像一碰就会碎掉。它们的天敌是鸟、蜥蜴、蜘蛛等动物，仅凭着透明的羽翼是很难生存下来的，所以它们是有毒的。宽纹黑脉绡蝶的幼虫会食用有毒植物的叶子，成虫会通过吸食有毒植物的花蜜在自身体内积存毒素。

分　类 鳞翅目、蛱蝶科
翼展长 约6cm
体　重 1g以下
栖息地 中美洲、南美洲
食　物 花蜜

玻璃猫鱼

大家一起行动的话，
就不会害怕了！

玻璃猫鱼除头部和身上的骨头外，全身几乎都是透明的。不仅如此，当光照射在鱼的身体上时还能呈现彩虹色。因为它们有着透明的身躯不易被敌人发现，所以当它们成群结队地出动时，只能看到鱼的眼睛和头部，天敌很难分辨出究竟有多少条鱼，从而很难下手，所以大家都很安全。

类　鲇形目、鲶科
长　约15cm
重　约120g
地　泰国、马来半岛、苏门答腊岛、马达加斯加岛的河流与湖泊
物　鱼虫、线虫等

小知识

你也能变成透明人！"隐身斗篷"的发明。

美国佛罗里达州立大学与杜克大学等大学的研究人员们正在进一步研究"隐身斗篷"，它通过改变光线的传播方向让人们看不见它。这项计划是非常复杂并且困难的。如今已经研制出了4cm×4cm的"隐身斗篷的碎片"。将这个碎片放在哪里，哪里就会变成透明的。如果能够研制出面积更大的材料，就能够推进未来汽车和飞机隐形技术的研究。

和我一样呢！

如果到处都是隐身的人……
太可怕了！

假如

极限大挑战!

忍耐食欲!

大王具足虫

眼前的东西看起来很好吃!谁能忍住不吃呢?大王具足虫一副不在乎的表情,因为它们是绝食5年记录的保持者,人类是惨败的!

忍耐恐惧!

南非穿山甲

危险!狮子来了!人类慌慌张张地逃跑了,而穿山甲一下子蜷缩成了一团,背上的鳞片闭合起来,狮子怎么咬也咬不开!在这一关,人类和狮子都失败了。

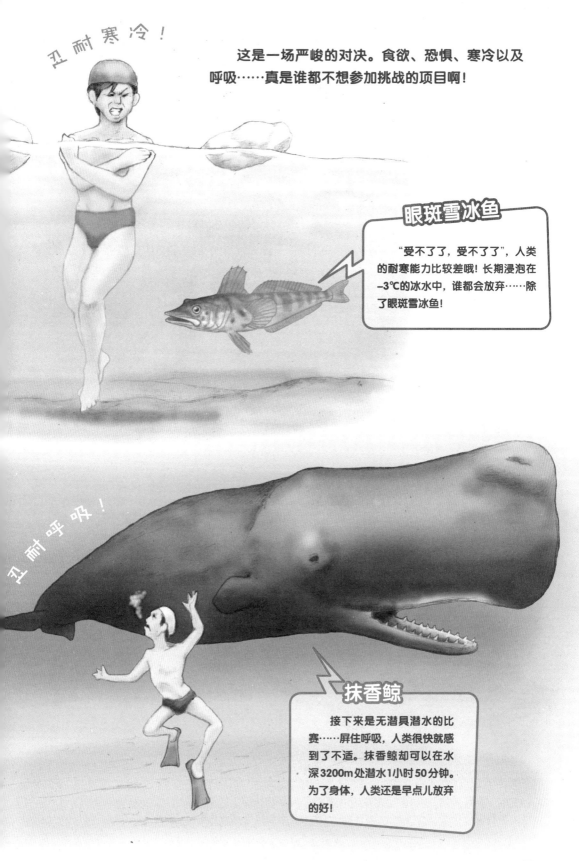

比耐寒冷！

这是一场严峻的对决。食欲、恐惧、寒冷以及呼吸……真是谁都不想参加挑战的项目啊！

眼斑雪冰鱼

"受不了了，受不了了"，人类的耐寒能力比较差哦！长期浸泡在−3℃的冰水中，谁都会放弃……除了眼斑雪冰鱼！

比耐呼吸！

抹香鲸

接下来是无潜具潜水的比赛……屏住呼吸，人类很快就感到了不适。抹香鲸却可以在水深3200m处潜水1小时50分钟。为了身体，人类还是早点儿放弃的好！

"忍耐力超强"的珍稀动物们

　　动物们的外观、身体内忍耐的能力、体质等都是由它们赖以生存的环境所决定的。当环境发生变化时，能够耐受环境的变化并且为适应变化而发生变异的个体延续了下来。也就是说，现在依然活在地球上的动物都有着非同寻常的忍耐力哦！

大王具足虫

虽然长得像潮虫，但我可是生活在深海里哦！

分　类	节肢动物、甲壳纲、等足目、漂水虱科
体　长	约40cm
体　重	1kg以上
栖息地	西大西洋、墨西哥湾等地的深海海域
食　物	沉入海底的鱼类与鲸鱼等动物的尸体

　　生活在海里的大王具足虫有着一副潮虫模样的外表，它们栖息在海里，很擅长游泳。它们游泳的时候后背是下沉的。潮虫有着旺盛的食欲，但是比潮虫大很多的大王具足虫反而可以忍受长时间的饥饿。日本鸟羽水族馆中饲养的大王具足虫于2014年2月14日死亡，在此之前，它已经绝食5年多了，为什么它这么大的身体却可以忍受长时间的饥饿呢？真是个谜一样的动物呀！

眼斑雪冰鱼

就算是冰冷的深海，我也不怕！

分　类	鲈形目、鳄冰鱼科
全　长	约52cm
体　重	约7.5kg
栖息地	南极半岛周边的冰冻深海海域（1000m
食　物	磷虾与鱼

　　眼斑雪冰鱼的血液里没有血红蛋白，这在脊椎动物里是非常罕见的。由于没有血红蛋白，眼斑雪冰鱼的血液不是红色的，肌肉和鱼鳃都是白色的。眼斑雪冰鱼生活在温度为−3℃的南极海域中，但是它们为什么不会被冻住呢？这是因为它们的体内有防冻液一般的特殊物质"糖蛋白"。

南非穿山甲

铜墙铁壁般的防守！

分 类	鳞甲目、穿山甲科
全 长	约120cm
体 重	约30kg
栖息地	非洲中部的森林
食 物	白蚁与蚂蚁

南非穿山甲的外形看上去像一个大号的松塔，它是哺乳动物，却全身覆盖着鳞片，是一种罕见的珍稀动物。它们的鳞片非常坚硬，当南非穿山甲察觉到危险时就会缩成一团。南非穿山甲的鳞片闭合时会紧紧裹住身体，所以不管猛兽用牙咬还是用爪子挠都是毫无作用的。此外，南非穿山甲尾巴下面的肛门腺体会释放出一种难闻的臭气，以此来反击！

抹香鲸

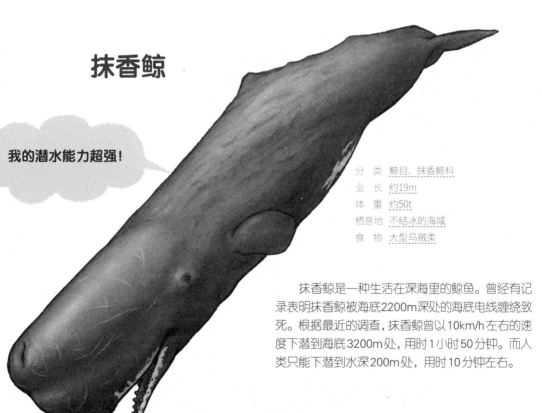

我的潜水能力超强！

分 类	鲸目、抹香鲸科
全 长	约19m
体 重	约50t
栖息地	不结冰的海域
食 物	大型乌贼类

抹香鲸是一种生活在深海里的鲸鱼。曾经有记录表明抹香鲸被海底2200m深处的海底电线缠绕致死。根据最近的调查，抹香鲸曾以10km/h左右的速度下潜到海底3200m处，用时1小时50分钟。而人类只能下潜到水深200m处，用时10分钟左右。

目不转睛地凝视着……

瞧我多漂亮呀！

雀尾螳螂虾 >>> p.85

雀尾螳螂虾有着像宝石样鲜艳色彩的身体，实际上是个像拳击手般一拳击碎贝类的凶猛生物！

我很显眼吗？

雌雄仙唐加拉雀都拥有着美丽的外表。它们群居在南非的热带雨林中。如果一群这种鸟聚集在一起，场面一定非常壮观！

仙唐加拉雀 >>> p.86

我 才 是 第 一 漂 亮 的 ！

大家都好漂亮！
亮晶晶的大眼睛……

山魈 >>> p.84

雄性山魈有着艳丽的容貌，像是歌舞演员！就连它们的臀部的颜色也很鲜艳，脸部和臀部
有很高的辨识度。

看谁更艳丽!

仙唐加拉雀

拥有艳丽外表的仙唐加拉雀，激起了舞娘的好胜心! 但是令人担心的是，它们会不会去袭击华庆锦斑蛾……

华庆锦斑蛾

在天空中跳着华丽舞蹈的正是华庆锦斑蛾。如果用手捕捉到它们，它们的胸部会流出恶臭的液体，所以最好不要去招惹它们。

雀尾螳螂虾

来自于珊瑚礁海域的雀尾螳螂虾有着令人移不开视线的华丽外表。尽管它们很小，还被放入了鱼缸里，但是它们还是牢牢地吸引住了观众的目光。

草莓箭毒蛙

小小的草莓箭毒蛙却有着引人注目的鲜红色外表。由它们的名字可知，它们是有毒的。与华庆锦斑蛾相同，艳丽的外表意味着不好惹。

山魈

与舞者一起缓步入场的正是山魈！鲜艳的面庞和臀部让观众们发出一阵惊叹！

噢！拥有鲜艳外表的珍稀动物们与桑巴舞者的游行已经开始了。这是一场艳丽外表的竞争。前方走来的是来自珊瑚礁海域的雀尾螳螂虾、华庆锦斑蛾与仙唐加拉雀，还有体型虽小却有剧毒的草莓箭毒蛙！这个鲜艳的臀部是……山魈！那么究竟谁会是胜出者呢？

艳丽的珍稀动物们

　　我们往往认为太艳丽、太引人注目是很难生存下来的，但是实际上并非如此。从这些动物们的栖息地上来看，多为南半球。在气温很高的地方常年盛开着五颜六色的花朵，大海中孕育着颜色鲜艳的珊瑚。像这样的环境，只有像五彩缤纷的花朵般艳丽的动物才不会引人注目。

我面部的模样……
怎么样，好看吧？

山魈

分　类　灵长类、猴科
体　长　约70cm
体　重　约25kg
栖息地　非洲西部的热带雨林
食　物　植物的果实、叶子、茎以及蚂蚁、白蚁等

　　雄性山魈有着猴类动物中最艳丽的色彩。这抹鲜艳能够让山魈在终日阴暗、枝繁叶茂的热带雨林中分辨出自己的同类。特别的是，雄性山魈的臀部也有着鲜艳的色彩，这有利于它们在茂密的丛林中互相识别，相互联络，也能让它们在密林中前行时更加容易看到其他成员的位置。雄性山魈的色彩来自它们的雄性激素，兴奋的时候会变得更红。

草莓箭毒蛙

华丽的外表下藏着剧毒……
但在育儿方面却是一把好手。

草莓箭毒蛙罕见之处在于它们的生育及育儿方式。雌蛙会在树叶或凤梨科叶上产下几枚卵，经过1周左右卵孵化后，雌蛙会把蝌蚪背到积满水的树洞中，每个洞只放下一只蝌蚪，雌蛙每隔几日就会回到蝌蚪的洞中，产下未受精的卵给蝌蚪吃。

分 类	无尾目、箭毒蛙科
体 长	约2.4cm
体 重	约5g
栖息地	中美洲南部的灌木
食 物	蚂蚁等小昆虫

雀尾螳螂虾

强有力的拳击手！

雀尾螳螂虾的身体为绿色与红色，触角为绿色，尾缘为红色，外表非常鲜艳亮丽，引人注目。但把它放在平时居住的浅海的鲜艳珊瑚礁中，反而看起来不显眼了。雀尾螳螂虾是肉食性动物，它们的前肢可以像"肘击"一样击碎甲壳类等动物的硬壳。

分 类	口足目、齿指虾蛄科
体 长	约15cm
体 重	约35g
栖息地	太平洋西部、印度洋
食 物	贝类、鱼类等

仙唐加拉雀

荧光蓝色、荧光绿色……
像不像人工艺术品的颜色？

分　类　雀形且、裸鼻雀科
全　长　约15cm
体　重　约17g
栖息地　哥伦比亚、委内瑞拉、圭亚那、巴西、玻利维亚等地的热带雨林
食　物　果实及昆虫

　　仙唐加拉雀是最艳丽的鸟，拥有人工艺术品般美丽的颜色。仙唐加拉雀栖息在南美洲海拔1400m以下的热带雨林地区。通常为5~20只群居生活，有时也和唐纳雀混居在一起。仙唐加拉雀在枝繁叶茂的树上觅食，用树叶根部储存的水沐浴，由雌鸟和雄鸟共同完成筑巢。一般的鸟类都是雄鸟外表艳丽，而雌鸟外表普通，但这种鸟罕见之处就在于雌雄都拥有艳丽的外表。

华庆锦斑蛾

翅膀的颜色是装饰哦！

华庆锦斑蛾通常在白天活动，乍一看像是一只蝴蝶，但其实它们是蛾类。通常情况下蝴蝶与蛾的成虫的触角是不同的。蝴蝶的触角为棍棒状，而蛾的触角为丝状、梳齿状、羽毛状等各种各样的形状，但华庆锦斑蛾的触角与蝴蝶十分相似。当华庆锦斑蛾被捕捉时，它们会从胸部释放出一种恶臭的液体来反击。

类　节肢动物、鳞翅目、斑蛾科
展长　约8cm
重　1g以下
息地　纪伊半岛以南的日本、中国台湾、东南亚、印度
物　幼虫食树叶，成虫食佩兰等植物的花蜜

小知识

同种生物，却有着不同的外表！动物的颜色、外表的区别。

有着"最美的蛾"之称的华庆锦斑蛾，即使是同一种类，颜色与外表会根据生活地区的不同而有所不同，我们把这种现象叫作"亚种"。地域、温度和湿度不同，生长的植物等也有所不同，但不管怎样，引人注目的生物都会更容易被天敌捕食，因此这些动物想要生存下去，必须有所改变，所以才产生了亚种。

华庆锦斑蛾——亚种

漂亮的外表……像芭蕾舞演员一样呀！

理想的梦中港湾就大功告成了!

还差一点儿,

黑脸织巢鸟 》》 p.95

黑脸织巢鸟上方垂着的是它自己的巢。它们会在植物的茎和叶上编织出带有"走廊"的巢穴。

黑脸织巢鸟为什么要造出一个长长的走廊呢？

好棒呀！大家都心灵手巧呢！

小屋的主人不在呀……

褐色园丁鸟的小屋 >>> p.92

这个用树枝搭成的小屋就是褐色园丁鸟的作品。为了吸引雌鸟，雄鸟还用鲜艳的花朵和果实给小屋进行了装饰。真想进去看看呀！

艺术家之间的较量!

接下来是"能工巧匠"的对决。咦,巢鼠不应该是"可爱比赛"中的选手吗?难道它也有秘密武器?作为"园艺师鸟"的褐色园丁鸟和作为"织巢鸟"的黑脸织巢鸟,还有人类插画大师出场了。大家会完成怎样的作品呢?敬请期待吧!

褐色园丁鸟

褐色园丁鸟完成了一个像插花一样漂亮的作品!同色系的花与果和大自然交织在一起。

巢鼠

巢鼠的作品是在茅草中做成了一个球状物。令人震惊的是,这就是它们的巢!

螳螂

螳螂的作品是在地下,真是新奇。为了做好捕食猎物的圈套,它们选择用苔藓做门,真是聪明。

小真菌蚋

　　负责会场装饰的是小真菌蚋的幼虫，亮晶晶的闪光真是漂亮极了。这些光使某些地方变成了观光胜地，所以它们的艺术价值毋庸置疑。

黑脸织巢鸟

　　这个挂在树上的小筐出自黑脸织巢鸟！而旁边的人类艺术家正在展示的是插花艺术。

你见过大象和长颈鹿的巢吗？每天到处移动的大型动物大多没有巢穴，因为那样会降低它们的觅食效率。老鼠或小鸟等小型动物为了产子和哺育幼子才会筑巢。栖息场所、生活习性和天敌等不同，筑巢方式也不同。能筑出坚固的巢穴，才能提高生存率哦！

褐色园丁鸟

我们用艺术来吸引异性！

褐色园丁鸟全身呈朴素的褐色，是一名出色的园艺师。褐色园丁鸟会在树周围堆积许多树枝来搭建称作"求偶亭"的柱子，有记录表明"求偶亭"最高可达2.5m，这周围的区域就是它们的院子，地面为整洁的苔藓"垫"，堆积着树枝及各种各样的装饰物，院子深处有带屋顶的小屋，有色彩斑斓的花、果实。这些都是雄鸟为了吸引雌鸟的注意、繁衍子孙后代而做出的努力。雄鸟有时会破坏或盗取其他雄鸟的院子。

分 类	雀形目、园丁鸟科
全 长	约26cm
体 重	约155g
栖息地	太平洋诸岛
食 物	果实、种子及昆虫

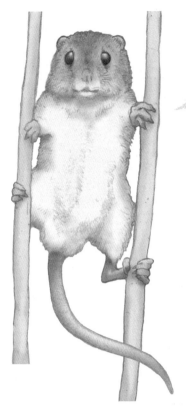

我们会在草秆上筑巢,
在那里养育我们的孩子。

巢鼠

　　巢鼠是最小的野生鼠类代表。每到春天,它们会将长高的芒草与莎草等"茅草"类植物叶子编成球状的巢穴,并在那里哺育幼子,是一种很少见的老鼠。茅草逐渐长高,巢也随之变得更高,所以能抵御蛇等外敌入侵,还能挺过轻微的洪水。盛夏时节,草原的湿度很高,高处通风性更好,这对于哺育幼子来说是再合适不过的了。

分　类　啮齿目、鼠科
体　长　约8cm
体　重　约14g
栖息地　欧洲、亚洲
食　物　粮食、小昆虫等

螳蟹

门后暗中等待猎
物出现……

　　这种蜘蛛不在空中结网。它们会在长有苔藓的地下挖掘一个垂直深度为10cm左右的洞来做自己的巢穴。巢穴的入口有一个椭圆形的门,门的表面糊着泥土与苔藓。巢穴建成之后,螳蟹会在门口附近埋伏,等待猎物通过,它们会稍微将门打开一个缝来窥视外面,一旦发现猎物从外面经过,就会迅速将猎物抓住,然后带回自己的巢穴中享用。

分　类　蜘蛛目、螳蟹科
体　长　约15mm
体　重　1g以下
栖息地　中国湖北、四川等地
食　物　昆虫及小型无脊椎动物

小真菌蚋

美丽的光竟然是圈套！

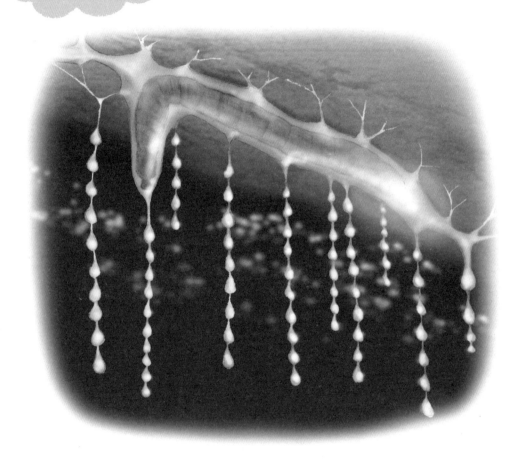

小真菌蚋的幼虫像萤火虫一样，尾部会发出蓝白色的光。它们生活在黑暗潮湿的洞穴中，在洞顶部垂丝筑巢，垂下的丝长度约3~30cm。它们依靠自身独特的荧光诱惑其他昆虫前来，利用垂丝上的黏液将其困住，再把它们吃掉。

分　类　双翅目、蕈蚊科
全　长　幼虫约4cm
体　重　1g以下
栖息地　澳大利亚东岸与新西兰
食　物　小型飞行昆虫

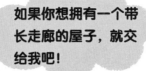

如果你想拥有一个带长走廊的屋子，就交给我吧！

黑脸织巢鸟

黑脸织巢鸟因能用植物的茎叶编织成巢穴而被人们所熟知。首先，它们用喙来切割椰子树的树叶，然后挑选喜欢的小树枝与叶子打成结，做成一个环状物，这就是它们的"操作脚手架"。然后，再做出屋顶、墙壁和地板，这时，圆壶一样的巢穴就做成了。最后，它们还会对进出口进行仔细雕琢，使劲地将入口延长，最终做出一个像大象鼻子一样的走廊。

分　类　雀形目、文鸟科
全　长　约10cm
体　重　约20g
栖息地　东非至南非
食　物　粮食、果实以及昆虫、蜘蛛等

小知识

长长的走廊是有原因的！黑脸织巢鸟的巢穴。

这样下垂的长走廊其实是有特别用途的。它是飞鸟界的"智慧屋"，能够避免布谷鸟的巢寄生。巢寄生指的是布谷鸟在其他鸟巢内产卵，让别的鸟照顾自己的蛋。体型较小的黑脸织巢鸟制作出带有长走廊的巢穴，布谷鸟无法通过。

住在这样的家中很安心！

走廊

进出口

黑脸织巢鸟真聪明呀！

95

嗯？我看起来像生气了吗？

才没有呢！

白秃猴 >>> p.101

它们脸部通红而且没有毛发，这在猴类中是很少见的。尽管它们并不是故意要吓唬人，但若是在森林里突然相遇的话，确实是有点儿可怕。

大家看起来都好厉害!
我们输定了……

嗨哟，嗨哟……

好热哦……

棘蜥 >>>p.103

生活在澳大利亚沙漠地区的棘蜥全身覆盖着刺状鳞，这些刺状鳞是为了防止敌人的袭击。简直就像穿着一件带刺的铠甲，看起来感觉好热!

比比谁更凶！

终于到了最后的环节。轮到带有可怕面孔和身体的动物们登场了。啊！是坏人们来找动物们的茬了！他们说自己的同伙在浅海被动物打败，是来报仇的！但是，动物们看上去也不好惹呀！

棘蜥

棘蜥体型虽小，却永不言败！它们站得最靠前，以牵制坏浑身是刺的外表显得威风凛凛。

一角鲸和欧氏尖吻鲛

坏人的同伙们好像就是被一角鲸和欧氏尖吻鲛打败的。据说被一角鲸尖锐的角和欧氏尖吻鲛可怕的面孔吓得落荒而逃。

白秃猴

就连坏人们也被白秃猴可怕的面孔吓了一跳。其实，它们的脸一直都是这么红。

低地斑纹马岛猬

低地斑纹马岛猬就在棘蜥的后面，浑身是鲜艳的刺，看起来很强势。

外表可怕的珍稀动物们

　　虽说有法则表明容貌由食物来决定，体型由生活环境所决定，但是在这里登场的一角鲸与欧氏尖吻鲛等动物的容貌和体型是如何进化出来的，到现在还是个谜。这些动物们天生长着一张令人害怕的脸，并不是为了让人类害怕而做出鬼脸。

一角鲸

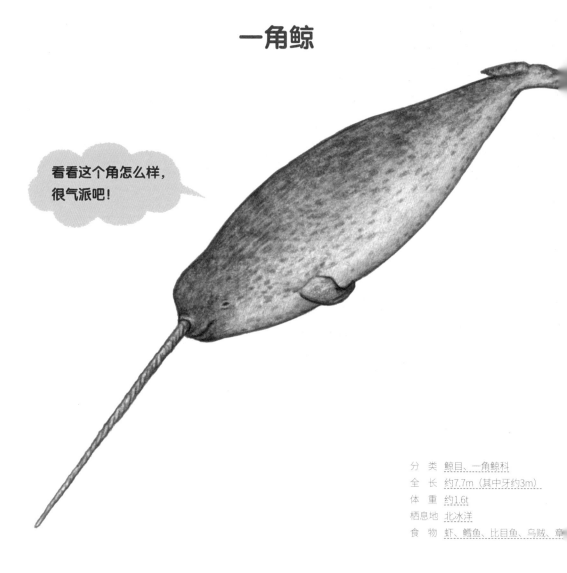

看看这个角怎么样，很气派吧！

分　类　鲸目、一角鲸科
全　长　约7.7m（其中牙约3m）
体　重　约1.6t
栖息地　北冰洋
食　物　虾、鳕鱼、比目鱼、乌贼、章

　　曾经有一个传说，说一角鲸是独角兽的祖先，只有雄性才长有像角一样被称作"犬齿"的牙。这个又长又大的牙到底有什么用，谁也不清楚。"雄性用它来抵御虎鲸的袭击""被冰围困时可以用牙破冰"等各种各样的猜想纷纷出现，目前可能性最大的说法是：它是繁殖期雄性之间争斗的武器。实际上雄性一角鲸并不会用这个牙刺向对方，它仅仅是雄性强壮的象征。因为长有长牙的雄性一角鲸不战便胜，所以不会出现互相伤害的场景。

被我们的刺扎到会像针扎一样痛哦！

低地斑纹马岛猬

低地斑纹马岛猬全身覆盖着针状粗体毛，长相和刺猬颇为相似。但是它后背长有15根左右特殊的短粗刺。这些刺长度为1cm，直径约0.8mm，有锯齿状的花纹。剐蹭这些刺会发出"嘎吱"的声音。据说这个声音是为了和其他同类交流……真是一个谜一样的珍稀动物。

分 类 非洲猬目、马岛猬科
体 长 约19cm
体 重 约220g
栖息地 马达加斯加岛东部
食 物 昆虫与蚯蚓等

分 类 灵长目、僧面猴科
体 长 约46cm
体 重 约3.5kg
栖息地 南美洲亚马孙地区中部
食 物 果实、种子、昆虫等

白秃猴

灵长类中的白秃猴，长相比较特殊，它们长着令人印象深刻的红色面庞。如果长时间照射不到阳光，脸色就会发青，但是一旦阳光充足，就会恢复鲜红色。它们兴奋时脸会变得更红。白秃猴奇特容貌的主要原因是它们的脸上没有毛，皮肤底层几乎没有脂肪层。普通的灵长类面部只有很少的皮下脂肪，人类皮下脂肪较多，但随着年龄增长也会逐渐减少，所以随着年龄增加，脸上皱纹会增多。

虽然总是满脸通红，但并不是一直在生气哦！

欧氏尖吻鲛

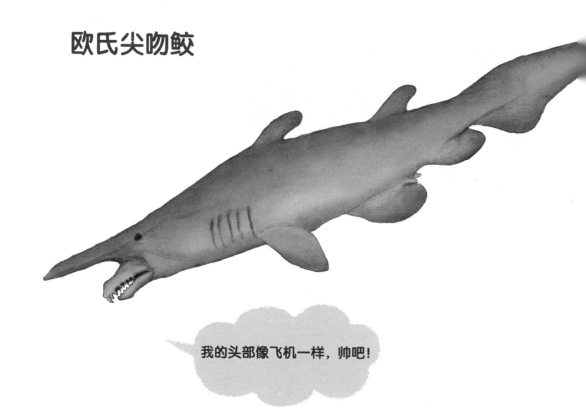

我的头部像飞机一样，帅吧！

　　欧氏尖吻鲛的身体特征与中生代白垩纪（1亿4000万—6500万年前）的鲨鱼较为相似，有"活化石"之称。它们的头部像短剑一样突出，在进食时上下颚会猛地向前伸出，看起来很可怕。

分　类	鼠鲨目、尖吻鲛科
全　长	约3.5m
体　重	约200kg
栖息地	世界各地的深海海域（150~1200m）
食　物	乌贼和鱼类

棘蜥

我像穿着带刺的铠甲一样，是不是超帅气？

分　类　有鳞目、飞蜥科
全　长　约15cm
体　重　约88g
栖息地　澳大利亚中、西部的荒漠地带
食　物　蚂蚁

　　棘蜥是一种从头到尾、四肢都被刺状鳞覆盖的蜥蜴。这些刺状鳞有防御功能。它们全身的皮肤有着像网眼一样的细小纹路，这些纹路全都与嘴巴相连，就算身上淋了1滴水，也会顺着皮肤流进嘴巴，因此棘蜥能够很好地利用沙漠中少见的雨天和雾天来摄取水分，以便适应缺水的沙漠环境。澳大利亚原住民很害怕这种蜥蜴，把它们称为"山中恶魔""浑身是刺的恶魔"，但实际上它们是无毒无害的。

个性迥异的珍稀动物们

各种各样的对决还在进行

胜负却迟迟未见分晓……

我一定要坚持住呀！

我也是……

我会一直等到有人认输的！

噢！

对呀，团团说的有道理……

虽然运动会上大家不能都成为第1名，但只要大家能开心就足够了！

有人擅长跳舞，有人擅长投篮，有人拔河特别厉害……

这样也没什么不好的呀……

所以人类和动物之间不要再争斗了……

作为住在同一个地球上的生物，大家应该和谐相处！

作者的话

　　这本书用比赛的方式介绍了各种各样的珍稀动物和它们的本领，充满趣味性。有些动物动作迅捷，有些动物几乎不怎么动弹，有些动物擅长团队合作，有些动物舞姿优美，有些动物长相奇特，有些动物拥有不死之身，有些动物看上去十分可爱……这些动物的存在都是有原因的，大自然中的一切都有着存在的价值。

　　在生活中，大家可能会在电视里或者动物园里看到各种各样的动物，在看到这些动物后，我希望大家带着"为什么它们会长成这个样子""为什么它们会这样做"等问题进行思考。不要轻易断言，去探寻背后的故事和真相，答案中往往会隐藏着生物们的生存法则。在探寻真相的过程中，你也许会发现大自然持续生存发展的秘密。

　　希望你在阅读这本充满奇思妙想的书时，能够多多思考，培养正确看待客观事物的能力。

今泉忠明

图书在版编目（CIP）数据

奇幻大自然探索图鉴. 世界的珍禽异兽 / (日) 今泉忠明监修、著;李未然译. — 沈阳:辽宁科学技术出版社，2021.1
ISBN 978-7-5591-1677-2

Ⅰ.①奇… Ⅱ.①今…②李… Ⅲ.①自然科学 – 少年读物 ②动物 – 少年读物 Ⅳ.①N49②Q95-49

中国版本图书馆CIP数据核字(2020)第133762号

出版发行：辽宁科学技术出版社
　　　　　（地址：沈阳市和平区十一纬路25号　邮编：110003）
印 刷 者：辽宁新华印务有限公司
经 销 者：各地新华书店
幅面尺寸：170mm×240mm
印　　张：7
字　　数：180千字
出版时间：2021年1月第1版
印刷时间：2021年1月第1次印刷
责任编辑：姜　璐
封面设计：许琳娜
版式设计：许琳娜
责任校对：许晓倩

书　　号：ISBN 978-7-5591-1677-2
定　　价：35.00元

投稿热线：024-23284062
邮购热线：024-23284502
E-mail:1187962917@qq.com

《奇幻大自然探索图鉴》
全套4册，一起开启神奇的自然探索之旅！

从未见过的珍禽异兽，
不可思议的神奇技能！

上架建议：少儿科普

ISBN 978-7-5591-1677-2

9 787559 116772 >

定价：35.00 元